重庆市构筑物工程
计价定额

CQGZWDE—2018

批准部门：重庆市城乡建设委员会

主编部门：重庆市城乡建设委员会

主编单位：重庆市建设工程造价管理总站

参编单位：重庆建工第三建设有限责任公司

重庆正平工程造价咨询有限责任公司

重庆一凡工程造价咨询有限公司

施行日期：2018年8月1日

重庆大学出版社

图书在版编目(CIP)数据

重庆市构筑物工程计价定额 / 重庆市建设工程造价
管理总站主编. ——重庆：重庆大学出版社,2018.7(2018.8重印)
ISBN 978-7-5689-1229-7

Ⅰ.①重… Ⅱ.①重… Ⅲ.①建筑工程—工程造价—
重庆 Ⅳ.①TU723.3

中国版本图书馆 CIP 数据核字(2018)第 141269 号

重庆市构筑物工程计价定额
CQGZWDE—2018
重庆市建设工程造价管理总站 主编

责任编辑:范春青 蒲 焘 版式设计:范春青
责任校对:刘志刚 责任印制:张 策

*

重庆大学出版社出版发行
出版人:易树平
社址:重庆市沙坪坝区大学城西路 21 号
邮编:401331
电话:(023) 88617190 88617185(中小学)
传真:(023) 88617186 88617166
网址:http://www.cqup.com.cn
邮箱:fxk@cqup.com.cn (营销中心)
全国新华书店经销
重庆巍承印务有限公司印刷

*

开本:890mm×1240mm 1/16 印张:2.75 字数:89 千
2018 年 7 月第 1 版 2018 年 8 月第 2 次印刷
ISBN 978-7-5689-1229-7 定价:20.00 元

前　言

为合理确定和有效控制工程造价，提高工程投资效益，维护发承包人合法权益，促进建设市场健康发展，我们组织重庆市建设、设计、施工及造价咨询企业，编制了2018年《重庆市构筑物工程计价定额》CQGZWDE—2018。

在执行过程中，请各单位注意积累资料，总结经验，如发现需要修改和补充之处，请将意见和有关资料提交至重庆市建设工程造价管理总站（地址：重庆市渝中区长江一路58号），以便及时研究解决。

领导小组

组　　长：乔明佳

副组长：李　明

成　　员：夏太凤　张　琦　罗天菊　杨万洪　冉龙彬　刘　洁　黄　刚

综合组

组　　长：张　琦

副组长：杨万洪　冉龙彬　刘　洁　黄　刚

成　　员：刘绍均　邱成英　傅　煜　娄　进　王鹏程　吴红杰　任玉兰　黄　怀
　　　　　李　莉

编制组

组　　长：刘绍均

编制人员：刘桂兰　彭海于　王晓平　申小莉

材料组

组　　长：邱成英

编制人员：徐　进　吕　静　李现峰　刘　芳　刘　畅　唐　波　王　红

审查专家：潘绍荣　牟　洁　吴生久　王　东　吴学伟　蒋文泽　范陵江　刘国权
　　　　　徐国芳　余　霞　杨荣华　邹　缨　张国兰　杨华钧

计算机辅助：成都鹏业软件股份有限公司　杨　浩　张福伦

重庆市城乡建设委员会

渝建〔2018〕200 号

重庆市城乡建设委员会
关于颁发 2018 年《重庆市房屋建筑与装饰工程计价定额》
等定额的通知

各区县(自治县)城乡建委,两江新区、经开区、高新区、万盛经开区、双桥经开区建设局,有关单位:

为合理确定和有效控制工程造价,提高工程投资效益,规范建设市场计价行为,推动建设行业持续健康发展,结合我市实际,我委编制了 2018 年《重庆市房屋建筑与装饰工程计价定额》、《重庆市仿古建筑工程计价定额》、《重庆市通用安装工程计价定额》、《重庆市市政工程计价定额》、《重庆市园林绿化工程计价定额》、《重庆市构筑物工程计价定额》、《重庆市城市轨道交通工程计价定额》、《重庆市爆破工程计价定额》、《重庆市房屋修缮工程计价定额》、《重庆市绿色建筑工程计价定额》和《重庆市建设工程施工机械台班定额》、《重庆市建设工程施工仪器仪表台班定额》、《重庆市建设工程混凝土及砂浆配合比表》(以上简称 2018 年计价定额),现予以颁发,并将有关事宜通知如下:

一、2018 年计价定额于 2018 年 8 月 1 日起在新开工的建设工程中执行,在此之前已发出招标文件或已签订施工合同的工程仍按原招标文件或施工合同执行。

二、2018 年计价定额与 2018 年《重庆市建设工程费用定额》配套执行。

三、2008 年颁发的《重庆市建筑工程计价定额》、《重庆市装饰工程计价定额》、《重庆市安装工程计价定额》、《重庆市市政工程计价定额》、《重庆市仿古建筑及园林工程计价定额》、《重庆市房屋修缮工程计价定额》,2011 年颁发的《重庆市城市轨道交通工程计价定额》,2013 年颁发的《重庆市建筑安装工程节能定额》,以及有关配套定额、解释和规定,自 2018 年 8 月 1 日起停止使用。

四、2018 年计价定额由重庆市建设工程造价管理总站负责管理和解释。

重庆市城乡建设委员会

2018 年 5 月 2 日

目 录

总 说 明

一、《重庆市构筑物工程计价定额》(以下简称本定额)是根据《房屋建筑与装饰工程消耗量定额》(TY－31－2015)、《构筑物工程工程量计算规范》(GB50860－2013)、《重庆市建设工程工程量计算规则》(CQJLGZ－2013)、《重庆市建筑工程计价定额》(CQJZDE－2008),以及现行有关设计规范、施工验收规范、质量评定标准、国家产品标准、安全操作规程等相关规定,并参考了行业、地方标准及代表性的设计、施工等资料,结合本市实际情况进行编制的。

二、本定额适用于本市行政区域内新建、扩建、改建的构筑物工程。

三、本定额是本市行政区域内国有资金投资的建设工程编制和审核施工图预算、招标控制价(最高投标限价)、工程结算的依据,是编制投标报价的参考,也是编制概算定额和投资估算指标的基础。

非国有资金投资的建设工程可参照本定额规定执行。

四、本定额按正常施工条件,大多数施工企业采用的施工方法、机械化程度和合理的劳动组织及工期进行编制的,反映了社会平均人工、材料、机械消耗水平。本定额中的人工、材料、机械消耗量除规定允许调整外,均不得调整。

五、本定额综合单价是指完成一个规定计量单位的分部、分项工程项目或措施项目所需的人工费、材料费、施工机具使用费、企业管理费、利润及一般风险费。综合单价计算程序见下表:

定额综合单价计算程序表

序号	费用名称	计费基础
		定额人工费＋定额施工机具使用费
	定额综合单价	1＋2＋3＋4＋5＋6
1	定额人工费	
2	定额材料费	
3	定额施工机具使用费	
4	企业管理费	(1＋3)×费率
5	利 润	(1＋3)×费率
6	一般风险费	(1＋3)×费率

(一)人工费:

本定额人工以工种综合工表示,内容包括基本用工、超运距用工、辅助用工、人工幅度差,定额人工按8小时工作制计算。

定额人工单价为:砌筑、混凝土综合工115元/工日,模板、架子综合工120元/工日。

(二)材料费:

1.本定额材料消耗量已包括材料、成品、半成品的净用量以及从工地仓库、现场堆放地点或现场加工地点至操作或安装地点的运输损耗、施工操作损耗、施工现场堆放损耗。

2.本定额材料已包括施工中消耗的主要材料、辅助材料和零星材料,辅助材料和零星材料合并为其他材料费。

3.本定额已包括材料、成品、半成品从工地仓库、现场堆放地点或现场加工地点至操作或安装地点的水平运输。

4.本定额已包括工程施工的周转性材料30km以内,从甲工地(或基地)至乙工地的搬迁运输费和场内运输费。

(三)施工机具使用费:

1.本定额不包括机械原值(单位价值)在2000元以内、使用年限在1年以内、不构成固定资产的工具用具性小型机械费用,该"工具用具使用费"已包含在企业管理费用中,但其消耗的燃料动力已列入材料内。

2.本定额已包括工程施工的中小型机械30km以内,从甲工地(或基地)至乙工地的搬迁运输费和场内运输费。

(四)企业管理费、利润:

本定额企业管理费、利润的费用标准是按《重庆市建设工程费用定额》规定的专业工程取定的,使用时不作调整。

定额章节		取费专业
A 池类、贮仓工程	A.1 混凝土池类	池类、贮仓
	A.2 混凝土贮仓(A.2.1－A.2.6)	
	A.4 混凝土池类模板(A.4.1)	
	A.4 混凝土贮仓模板(A.4.2)	
B 筒仓、烟囱工程	A.2 混凝土贮仓(筒仓 A.2.7)	筒仓、烟囱
	A.3 混凝土烟囱	
	A.4 混凝土贮仓模板(筒仓 A.4.3.1)	
	A.4 混凝土烟囱模板(烟囱 A.4.3.2)	
	B.1 砖烟囱	
	B.2 砖烟道	
C 措施项目	C.2 脚手架	筒仓、烟囱
	C.2 垂直运输	

(五)一般风险费:

本定额包含了《重庆市建设工程费用定额》所指的一般风险费,使用时不作调整。

六、人工、材料、机械燃料动力价格调整

本定额人工、材料、成品、半成品和机械燃料动力价格,是以定额编制期市场价格确定的,建设项目实施阶段市场价格与定额价格不同时,可参照建设工程造价管理机构发布的工程所在地的信息价格或市场价格进行调整,价差不作为计取企业管理费、利润、一般风险费的计费基础。

七、本定额的自拌混凝土强度等级、砌筑砂浆强度等级、抹灰砂浆配合比以及砂石品种,如设计与定额不同时,应根据设计和施工规范要求,按"混凝土及砂浆配合比表"进行换算,但粗骨料的粒径规格不作调整。

八、本定额中所采用的水泥强度等级是根据市场生产与供应情况和施工操作规程考虑的,施工中实际采用的水泥强度等级不同时不作调整。

九、本定额土石方运输、构件运输及特大型机械进出场中已综合考虑了运输道路等级、重车上下坡等多种因素,但不包括过路费、过桥费和桥梁加固、道路拓宽、道路修整等费用,发生时另行计算。

十、本定额烟囱的垂直运输按高度30m以内,筒仓的垂直运输按高度20m以内编制。超过规定高度时,"垂直运输,构筑物超高人工、机械降效"费再按每增加1m"垂直运输,构筑物超高人工、机械降效"子目累计计算。

十一、本定额未包括的绿色建筑定额项目,按《重庆市绿色建筑工程计价定额》执行。

十二、本定额的缺项,按其他专业计价定额相关项目执行;再缺项时,由建设、施工、监理单位共同编制一次性补充定额。

十三、本定额的工作内容已说明了主要的施工工序,次要工序虽未说明,但均已包括在内。

十四、本定额中未注明单位的,均以"mm"为单位。

十五、本定额中注有"×××以内"或者"×××以下"者,均包括×××本身;"×××以外"或者"×××以上"者,则不包括×××本身。

十六、本定额总说明未尽事宜,详见各章说明。

A 混凝土构筑物工程
(0701)
(0703)

说　　明

一、混凝土：

1.现浇混凝土分为自拌混凝土和商品混凝土。自拌混凝土子目包括：筛砂子、冲洗石子、后台运输、搅拌、前台运输、清理、润湿模板、浇筑、捣固、养护。商品混凝土子目只包括：清理、润湿模板、浇筑、捣固、养护。

2.自拌混凝土、商品混凝土按常用强度等级编制，强度等级不同时可以换算。

3.池类：

(1)混凝土池项目适用于一般结构形式的水池、贮油(原油、重油)池及清水池、沉淀池、循环水池、生化池、冷却喷水池等池类工程。

(2)池底混凝土不分平底、坡底均执行同一定额子目。

(3)池壁混凝土不分矩形和圆形均执行同一定额子目。

(4)池混凝土高度是按4.5m编制的，高度超过4.5m时，其超过部分每10m³混凝土增加机械费11.52元，人工8.73工日；池内柱在地面以上超过4.5m者，则超过部分每10m³混凝土增加机械费7.61元，技工6.1工日。

4.贮仓(筒仓)：

(1)支撑漏斗的柱和柱间的连系梁分别执行仓内柱及仓内梁定额子目。

(2)仓壁混凝土不分矩形和圆形均执行同一定额子目。

(3)滑升钢模现浇钢筋混凝土筒仓子目适用于厚度不变、上下断面一致的仓壁，如粮仓、水泥库、生料库、散装筒库等工程。如筒仓厚度渐变、上下断面不一致时，应另行计算。

(4)滑升钢模现浇钢筋混凝土筒仓高度是按30m编制，超过30m时相应的定额子目人工费、机械费乘以1.10，其余不变。

5.烟囱：

(1)烟囱基础包括基础底板及筒座，按《重庆市房屋建筑与装饰工程计价定额》相应定额子目执行，筒座以上为筒壁。

(2)滑升钢模现浇钢筋混凝土烟囱高度系指基础顶面至筒壁顶面的高度。

6.外形尺寸体积在1m³以内的现浇独立池槽按《重庆市房屋建筑与装饰工程计价定额》混凝土及钢筋混凝土章节零星构件定额子目执行。

二、模板：

1.本章模板按不同构件分别以复合模板、木模板综合编制，实际使用模板材料不同时，不作调整。

2.复合模板是指竹胶、木胶、复合纤维等品种的复合板。

3.模板支撑按钢支撑、木支撑综合编制，实际使用支撑材料不同时，不作调整。

4.现浇钢筋混凝土筒仓模板是按滑升模板编制的，其子目适用于厚度不变、上下断面一致的筒仓，不分厚度执行同一定额子目。如筒仓厚度渐变、上下断面不一致时，应另行计算。

5.滑升钢模现浇钢筋混凝土筒仓高度是按30m编制，高度超过30m时相应的定额子目人工费、机械费乘以1.10，其余不变。

6.池壁模板按矩形或圆形分别执行定额子目。

7.仓壁模板按矩形或圆形分别执行定额子目。

8.滑升模板施工的钢筋混凝土筒仓、烟囱是按无井架施工编制的，并综合了操作平台，实际使用模板不同时，不作调整。也不再计算脚手架及井架费用。

9.现浇钢筋混凝土烟囱模板项目已包括烟囱筒身、牛腿、烟道口。

10.外形尺寸体积在1m³以内的现浇独立池槽按《重庆市房屋建筑与装饰工程计价定额》混凝土及钢筋混凝土章节零星构件定额子目执行。

三、钢筋：

本章钢筋工程的说明按《重庆市房屋建筑与装饰工程计价定额》混凝土及钢筋混凝土章节的钢筋说明执行。

工程量计算规则

一、混凝土：

1.混凝土工程量按设计图示体积以"m³"计算，不扣除构件内钢筋、螺栓、预埋铁件及单个面积≤0.3m²的孔洞所占的体积。

2.池类

(1)池底混凝土算至壁基梁底，无壁基梁时，算至平底、坡底的上口。池壁下部的八字靴脚，并入池底计算。

(2)池壁有壁基梁的，应以壁基梁底为界，以上为池壁，以下为池底；无壁基梁的，算至平底、坡底上表面，池壁下部的扩大部分计入池底体积内。

(3)池盖分为无梁池盖和有梁池盖，池盖的梁计入有梁池盖内。

(4)池内柱的柱高应从池底板上表面算至池顶板下表面，柱帽、柱座计入池内柱体积内。

(5)池壁顶部的扩大部分计入池顶板体积内。

3.贮仓(筒仓)

(1)贮仓按立壁和漏斗分别计算体积。立壁和漏斗的分界线以相互交点的水平线为界，与漏斗相连的圈梁并入漏斗工程量内。

(2)基础、支撑漏斗的柱和柱间的连系梁分别计算。

(3)仓壁高度按基础顶面(仓底板上表面)至仓顶板底面的高度计算。附壁柱、环梁(圈过梁)、两仓连接处的隔墙计入仓壁体积。

(4)仓顶板分为无梁顶板和有梁顶板，仓顶板的梁与挑檐板分别计入相应的仓顶板内。

(5)仓底板体积有基础时计算至仓壁内侧面，无基础时计算至仓壁外侧面。

(6)筒壁按基础顶面(筒座以上)至筒壁顶面的高度计算。

4.烟囱混凝土工程量按设计图示体积以"m³"计算。

5.外形尺寸体积在1m³以内的现浇独立池槽按《重庆市房屋建筑与装饰工程计价定额》混凝土及钢筋混凝土章节零星构件的计算规则计算。

二、模板：

1.构筑物模板工程量的分界规则与现浇混凝土构筑物工程量分界规则一致，其工程量的计算除本章另有说明外均按模板与混凝土的接触面积计算。

2.贮水(油)池、贮仓模板与混凝土构件的接触面积计算。现浇混凝土墙、板上单孔面积≤0.3m²的孔洞不予扣除，洞侧壁模板亦不增加；单孔面积>0.3m²时，应予扣除，洞侧壁模板面积并入墙、板模板工程量内计算。

3.液压滑升钢模板施工的筒仓、烟囱均按混凝土体积以"m³"计算。

4.外形尺寸体积在1m³以内的现浇独立池槽按《重庆市房屋建筑与装饰工程计价定额》混凝土及钢筋混凝土章节零星构件的计算规则计算。

5.柱与梁、柱与墙、梁与梁等连接重叠部分以及伸入墙内的梁头、板头与砖墙接触部分，均不计算模板面积。

三、钢筋：

本章钢筋工程的计算规则按《重庆市房屋建筑与装饰工程计价定额》混凝土及钢筋混凝土章节的钢筋计算规则计算。

A.1 池类(编码:070101)

A.1.1 池底板(编码:070101001)

工作内容:1.自拌混凝土:搅拌混凝土、水平运输、浇捣、养护等。
　　　　　2.商品混凝土:浇捣、养护等。

计量单位:10m³

定　额　编　号				FA0001	FA0002
项　目　名　称				池底	
				自拌砼	商品砼
综　合　单　价(元)				**4598.75**	**3461.49**
费用	其中	人　工　费　(元)		951.05	439.30
		材　料　费　(元)		2725.36	2746.97
		施 工 机 具 使 用 费(元)		200.74	—
		企 业 管 理 费(元)		451.04	172.03
		利　　润　(元)		252.13	96.16
		一 般 风 险 费(元)		18.43	7.03
	编码	名　称	单位	单价(元)	消　耗　量	
人工	000300080	混凝土综合工	工日	115.00	8.270	3.820
材料	800212040	砼 C30(塑、特、碎 5～31.5、坍 35～50)	m³	264.64	10.100	—
	840201140	商品砼	m³	266.99	—	10.150
	341100400	电	kW·h	0.70	6.000	6.000
	341100100	水	m³	4.42	7.250	3.750
	002000010	其他材料费	元	—	16.25	16.25
机械	990602020	双锥反转出料混凝土搅拌机 350L	台班	226.31	0.887	—

A.1.2 池壁(编码:070101002)

工作内容:1.自拌混凝土:搅拌混凝土、水平运输、浇捣、养护等。
　　　　　2.商品混凝土:浇捣、养护等。

计量单位:10m³

定　额　编　号				FA0003	FA0004
项　目　名　称				池壁	
				自拌砼	商品砼
综　合　单　价(元)				**4913.02**	**3768.34**
费用	其中	人　工　费　(元)		1136.20	624.45
		材　料　费　(元)		2738.49	2752.68
		施 工 机 具 使 用 费(元)		200.74	—
		企 业 管 理 费(元)		523.54	244.53
		利　　润　(元)		292.66	136.69
		一 般 风 险 费(元)		21.39	9.99
	编码	名　称	单位	单价(元)	消　耗　量	
人工	000300080	混凝土综合工	工日	115.00	9.880	5.430
材料	800212040	砼 C30(塑、特、碎 5～31.5、坍 35～50)	m³	264.64	10.100	—
	840201140	商品砼	m³	266.99	—	10.150
	341100400	电	kW·h	0.70	6.000	6.000
	341100100	水	m³	4.42	13.430	8.250
	002000010	其他材料费	元	—	2.07	2.07
机械	990602020	双锥反转出料混凝土搅拌机 350L	台班	226.31	0.887	—

A.1.3 池盖(编码:070101003)

工作内容:1.自拌混凝土:搅拌混凝土、水平运输、浇捣、养护等。
2.商品混凝土:浇捣、养护等。

计量单位:10m³

	定 额 编 号				FA0005	FA0006	FA0007	FA0008
					池盖			
	项 目 名 称				无梁		有梁	
					自拌砼	商品砼	自拌砼	商品砼
	综 合 单 价 (元)				**4730.02**	**3571.04**	**4812.31**	**3612.19**
费用	其中	人 工 费 (元)			1018.90	507.15	1069.50	532.45
		材 料 费 (元)			2746.28	2746.16	2746.28	2746.16
		施工机具使用费 (元)			200.74	—	200.74	—
		企 业 管 理 费 (元)			477.61	198.60	497.42	208.51
		利 润 (元)			266.98	111.02	278.05	116.55
		一 般 风 险 费 (元)			19.51	8.11	20.32	8.52
	编码	名 称	单位	单价(元)	消 耗 量			
人工	000300080	混凝土综合工	工日	115.00	8.860	4.410	9.300	4.630
材料	800211040	砼 C30(塑、特、碎 5～20、坍 35～50)	m³	266.56	10.100	—	10.100	—
	840201140	商品砼	m³	266.99	—	10.150	—	10.150
	341100100	水	m³	4.42	8.340	4.310	8.340	4.310
	341100400	电	kW·h	0.70	6.000	6.000	6.000	6.000
	002000010	其他材料费	元	—	12.96	12.96	12.96	12.96
机械	990602020	双锥反转出料混凝土搅拌机 350L	台班	226.31	0.887	—	0.887	—

A.1.4 池内柱(编码:070101004)

工作内容:1.自拌混凝土:搅拌混凝土、水平运输、浇捣、养护等。
2.商品混凝土:浇捣、养护等。

计量单位:10m³

	定 额 编 号				FA0009	FA0010
					池内柱	
	项 目 名 称				自拌砼	商品砼
	综 合 单 价 (元)				**4951.20**	**3792.35**
费用	其中	人 工 费 (元)			1164.95	653.20
		材 料 费 (元)			2729.91	2729.92
		施工机具使用费 (元)			200.74	—
		企 业 管 理 费 (元)			534.80	255.79
		利 润 (元)			298.95	142.99
		一 般 风 险 费 (元)			21.85	10.45
	编码	名 称	单位	单价(元)	消 耗 量	
人工	000300080	混凝土综合工	工日	115.00	10.130	5.680
材料	800211040	砼 C30(塑、特、碎 5～20、坍 35～50)	m³	266.56	10.100	—
	840201140	商品砼	m³	266.99	—	10.150
	341100100	水	m³	4.42	7.130	3.130
	341100400	电	kW·h	0.70	6.000	6.000
	002000010	其他材料费	元	—	1.94	1.94
机械	990602020	双锥反转出料混凝土搅拌机 350L	台班	226.31	0.887	—

A.2 贮仓混凝土(编码:070102)

A.2.1 仓底板(编码:070102002)

工作内容:1.自拌混凝土:搅拌混凝土、水平运输、浇捣、养护等。
2.商品混凝土:浇捣、养护等。

计量单位:10m³

	定 额 编 号				FA0011	FA0012
	项 目 名 称				底板	
					自拌砼	商品砼
	综 合 单 价 (元)				**4398.08**	**3376.47**
费 用	其 中	人 工 费 (元)			972.90	461.15
		材 料 费 (元)			2774.34	2738.47
		施工机具使用费 (元)			200.74	—
		企 业 管 理 费 (元)			285.08	112.01
		利 润 (元)			146.24	57.46
		一 般 风 险 费 (元)			18.78	7.38
	编码	名 称	单位	单价(元)	消 耗 量	
人工	000300080	混凝土综合工	工日	115.00	8.460	4.010
材 料	800217040	砼 C30(塑、特、碎5~20、坍55~70)	m³	270.51	10.100	—
	840201140	商品砼	m³	266.99	—	10.150
	341100100	水	m³	4.42	7.010	3.920
	341100400	电	kW·h	0.70	6.000	6.000
	002000010	其他材料费	元	—	7.00	7.00
机械	990602020	双锥反转出料混凝土搅拌机 350L	台班	226.31	0.887	—

A.2.2 仓壁(编码:070102003)

工作内容:1.自拌混凝土:搅拌混凝土、水平运输、浇捣、养护等。
2.商品混凝土:浇捣、养护等。

计量单位:10m³

	定 额 编 号				FA0013	FA0014
	项 目 名 称				仓壁	
					自拌砼	商品砼
	综 合 单 价 (元)				**4761.07**	**3735.46**
费 用	其 中	人 工 费 (元)			1225.90	714.15
		材 料 费 (元)			2787.31	2747.43
		施工机具使用费 (元)			200.74	—
		企 业 管 理 费 (元)			346.53	173.47
		利 润 (元)			177.76	88.98
		一 般 风 险 费 (元)			22.83	11.43
	编码	名 称	单位	单价(元)	消 耗 量	
人工	000300080	混凝土综合工	工日	115.00	10.660	6.210
材 料	800217040	砼 C30(塑、特、碎5~20、坍55~70)	m³	270.51	10.100	—
	840201140	商品砼	m³	266.99	—	10.150
	341100100	水	m³	4.42	11.020	7.020
	341100400	电	kW·h	0.70	6.000	6.000
	002000010	其他材料费	元	—	2.25	2.25
机械	990602020	双锥反转出料混凝土搅拌机 350L	台班	226.31	0.887	—

A.2.3　仓顶板(编码:070102004)

工作内容:1.自拌混凝土:搅拌混凝土、水平运输、浇捣、养护等。
2.商品混凝土:浇捣、养护等。

计量单位:10m³

定　额　编　号					FA0015	FA0016	FA0017	FA0018
项　目　名　称					顶板			
					无梁		有梁	
					自拌砼	商品砼	自拌砼	商品砼
综　合　单　价　(元)					**4508.22**	**3482.49**	**4544.81**	**3514.87**
费用	其中	人　工　费　(元)			1038.45	526.70	1064.90	553.15
		材　料　费　(元)			2793.80	2753.79	2793.80	2749.59
		施工机具使用费　(元)			200.74	—	200.74	—
		企　业　管　理　费　(元)			301.00	127.94	307.42	134.36
		利　　润　(元)			154.40	65.63	157.70	68.92
		一　般　风　险　费　(元)			19.83	8.43	20.25	8.85
	编码	名　　称	单位	单价(元)	消　　耗　　量			
人工	000300080	混凝土综合工	工日	115.00	9.030	4.580	9.260	4.810
材料	800217040	砼 C30(塑、特、碎 5~20、坍 55~70)	m³	270.51	10.100	—	10.100	—
	840201140	商品砼	m³	266.99	—	10.150	—	10.150
	341100100	水	m³	4.42	8.340	4.310	8.340	4.310
	341100400	电	kW·h	0.70	6.000	6.000	6.000	—
	002000010	其他材料费	元	—	20.59	20.59	20.59	20.59
机械	990602020	双锥反转出料混凝土搅拌机 350L	台班	226.31	0.887	—	0.887	—

A.2.4　仓内柱(编码:070102005)

工作内容:1.自拌混凝土:搅拌混凝土、水平运输、浇捣、养护等。
2.商品混凝土:浇捣、养护等。

计量单位:10m³

定　额　编　号					FA0019	FA0020
项　目　名　称					仓内柱	
					自拌砼	商品砼
综　合　单　价　(元)					**4749.93**	**3724.31**
费用	其中	人　工　费　(元)			1230.50	718.75
		材　料　费　(元)			2769.81	2729.92
		施工机具使用费　(元)			200.74	—
		企　业　管　理　费　(元)			347.65	174.58
		利　　润　(元)			178.33	89.56
		一　般　风　险　费　(元)			22.90	11.50
	编码	名　　称	单位	单价(元)	消　　耗　　量	
人工	000300080	混凝土综合工	工日	115.00	10.700	6.250
材料	800217040	砼 C30(塑、特、碎 5~20、坍 55~70)	m³	270.51	10.100	—
	840201140	商品砼	m³	266.99	—	10.150
	341100100	水	m³	4.42	7.130	3.130
	341100400	电	kW·h	0.70	6.000	6.000
	002000010	其他材料费	元	—	1.94	1.94
机械	990602020	双锥反转出料混凝土搅拌机 350L	台班	226.31	0.887	—

A.2.5 仓漏斗(编码:070102008)

工作内容:1.自拌混凝土:搅拌混凝土、水平运输、浇捣、养护等。
2.商品混凝土:浇捣、养护等。

计量单位:10m³

定 额 编 号				FA0021	FA0022
项 目 名 称				漏斗	
				自拌砼	商品砼
综 合 单 价(元)				**5545.03**	**4325.97**
费用	其中	人 工 费 (元)		1800.90	1145.52
		材 料 费 (元)		2775.76	2741.14
		施工机具使用费 (元)		200.74	—
		企 业 管 理 费 (元)		486.20	278.25
		利 润 (元)		249.40	142.73
		一 般 风 险 费 (元)		32.03	18.33
	编码	名 称	单位	单价(元)	消 耗 量
人工	000300080	混凝土综合工	工日	115.00	15.660	9.961
材料	800217040	砼 C30(塑、特、碎 5～20、坍 55～70)	m³	270.51	10.100	—
	840201140	商品砼	m³	266.99	—	10.150
	341100100	水	m³	4.42	8.330	5.520
	341100400	电	kW·h	0.70	6.000	6.000
	002000010	其他材料费	元	—	2.59	2.59
机械	990602020	双锥反转出料混凝土搅拌机 350L	台班	226.31	0.887	—

A.2.6 仓内梁(编码:070102B001)

工作内容:1.自拌混凝土:搅拌混凝土、水平运输、浇捣、养护等。
2.商品混凝土:浇捣、养护等。

计量单位:10m³

定 额 编 号				FA0023	FA0024
项 目 名 称				仓内梁	
				自拌砼	商品砼
综 合 单 价(元)				**4859.38**	**3833.78**
费用	其中	人 工 费 (元)		1297.20	785.45
		材 料 费 (元)		2786.98	2747.10
		施工机具使用费 (元)		200.74	—
		企 业 管 理 费 (元)		363.85	190.79
		利 润 (元)		186.64	97.87
		一 般 风 险 费 (元)		23.97	12.57
	编码	名 称	单位	单价(元)	消 耗 量
人工	000300080	混凝土综合工	工日	115.00	11.280	6.830
材料	800217040	砼 C30(塑、特、碎 5～20、坍 55～70)	m³	270.51	10.100	—
	840201140	商品砼	m³	266.99	—	10.150
	341100100	水	m³	4.42	8.150	4.150
	341100400	电	kW·h	0.70	6.000	6.000
	002000010	其他材料费	元	—	14.61	14.61
机械	990602020	双锥反转出料混凝土搅拌机 350L	台班	226.31	0.887	—

A.2.7　筒仓混凝土(编码:070102B002)

工作内容:1.自拌混凝土:搅拌混凝土、水平运输、浇捣、养护等。
　　　　　2.商品混凝土:浇捣、养护等。

计量单位:10m³

定　额　编　号						FA0025	FA0026	FA0027	FA0028
项　目　名　称						滑升钢模浇钢筋砼筒仓			
						高度30m			
						内径10m以内		内径16m以内	
						自拌砼	商品砼	自拌砼	商品砼
综　合　单　价　(元)						5735.81	4278.46	4712.67	3662.36
费用	其中	人　工　费　(元)				1365.05	929.20	1000.50	565.80
		材　料　费　(元)				2800.78	2779.58	2790.92	2769.72
		施工机具使用费　(元)				756.41	154.20	388.55	79.41
		企　业　管　理　费　(元)				515.30	263.16	337.40	156.72
		利　　润　(元)				264.33	134.99	173.08	80.39
		一　般　风　险　费　(元)				33.94	17.33	22.22	10.32
	编码	名　　称	单位	单价(元)		消　耗　量			
人工	000300080	混凝土综合工	工日	115.00		11.870	8.080	8.700	4.920
材料	800218040	砼 C30(塑、特、碎5～31.5、坍55～70)	m³	268.66		10.100	—	10.100	—
	840201140	商品砼	m³	266.99		—	10.150	—	10.150
	341100100	水	m³	4.42		13.760	9.760	12.620	8.620
	341100400	电	kW·h	0.70		30.810	30.810	25.080	25.080
	002000010	其他材料费	元	—		4.93	4.93	4.12	4.12
机械	990602020	双锥反转出料混凝土搅拌机 350L	台班	226.31		2.661	—	1.366	—
	990803020	电动多级离心清水泵　出口直径100mm扬程120m以下	台班	154.20		1.000	1.000	0.515	0.515

A.3　烟囱(编码:070106)

A.3.1　烟囱筒壁(编码:070106002)

工作内容:1.自拌混凝土:搅拌混凝土、水平运输、浇捣、养护等。
　　　　　2.商品混凝土:浇捣、养护等。

计量单位:10m³

定　额　编　号						FA0029	FA0030	FA0031	FA0032
项　目　名　称						滑升钢模浇钢筋砼烟囱			
						高度80m以内		高度100m以内	
						自拌砼	商品砼	自拌砼	商品砼
综　合　单　价　(元)						5502.08	4205.73	5277.61	4156.30
费用	其中	人　工　费　(元)				1148.85	688.85	1104.00	644.00
		材　料　费　(元)				2789.64	2768.45	2782.89	2761.69
		施工机具使用费　(元)				811.71	350.03	699.19	364.03
		企　业　管　理　费　(元)				476.22	252.34	438.00	244.85
		利　　润　(元)				244.29	129.44	224.68	125.60
		一　般　风　险　费　(元)				31.37	16.62	28.85	16.13
	编码	名　　称	单位	单价(元)		消　耗　量			
人工	000300080	混凝土综合工	工日	115.00		9.990	5.990	9.600	5.600
材料	800218040	砼 C30(塑、特、碎5～31.5、坍55～70)	m³	268.66		10.100	—	10.100	—
	840201140	商品砼	m³	266.99		—	10.150	—	10.150
	341100100	水	m³	4.42		11.680	7.680	11.240	7.240
	341100400	电	kW·h	0.70		20.430	20.430	15.060	15.060
	002000010	其他材料费	元	—		10.25	10.25	9.20	9.20
机械	990602020	双锥反转出料混凝土搅拌机 350L	台班	226.31		2.040	—	1.481	—
	990803020	电动多级离心清水泵　出口直径100mm扬程120m以下	台班	154.20		2.270	2.270	—	—
	990803030	电动多级离心清水泵　出口直径100mm扬程120m以上	台班	217.98		—	—	1.670	1.670

工作内容：1.自拌混凝土：搅拌混凝土、水平运输、浇捣、养护等。
2.商品混凝土：浇捣、养护等。

计量单位：10m³

	定　额　编　号				FA0033	FA0034	FA0035	FA0036
					滑升钢模浇钢筋砼烟囱			
	项　目　名　称				高度120m以内		高度150m以内	
					自拌砼	商品砼	自拌砼	商品砼
	综　合　单　价（元）				**5526.91**	**4409.34**	**5706.49**	**4275.19**
费用	其中	人　工　费（元）			1087.90	626.75	1049.95	588.80
		材　料　费（元）			3065.83	3044.63	3062.59	3041.39
		施工机具使用费（元）			690.98	359.67	861.07	302.99
		企　业　管　理　费（元）			432.09	239.60	464.19	216.62
		利　　润（元）			221.65	122.91	238.11	111.12
		一　般　风　险　费（元）			28.46	15.78	30.58	14.27
	编码	名　　称	单位	单价（元）	消　耗　量			
人工	000300080	混凝土综合工	工日	115.00	9.460	5.450	9.130	5.120
材料	800218040	砼 C30（塑、特、碎 5～31.5、坍 55～70）	m³	268.66	10.100	—	10.100	—
	840201140	商品砼	m³	266.99	—	10.150	—	10.150
	341100100	水	m³	4.42	6.990	2.990	6.750	2.750
	341100400	电	kW·h	0.70	19.800	19.800	16.680	16.680
	002000010	其他材料费	元	—	307.61	307.61	307.61	307.61
机械	990602020	双锥反转出料混凝土搅拌机 350L	台班	226.31	1.464		2.466	
	990803030	电动多级离心清水泵　出口直径100mm扬程120m以上	台班	217.98	1.650	1.650	1.390	1.390

工作内容：1.自拌混凝土：搅拌混凝土、水平运输、浇捣、养护等。
2.商品混凝土：浇捣、养护等。

计量单位：10m³

	定　额　编　号				FA0037	FA0038	FA0039	FA0040
					滑升钢模浇钢筋砼烟囱			
	项　目　名　称				高度180m以内		高度210m以内	
					自拌砼	商品砼	自拌砼	商品砼
	综　合　单　价（元）				**5478.04**	**4206.76**	**5100.97**	**3972.43**
费用	其中	人　工　费（元）			1010.85	550.85	913.10	451.95
		材　料　费（元）			3061.05	3039.85	3058.37	3037.17
		施工机具使用费（元）			736.16	292.60	563.30	224.06
		企　业　管　理　费（元）			424.35	204.87	358.62	164.20
		利　　润（元）			217.68	105.09	183.96	84.23
		一　般　风　险　费（元）			27.95	13.50	23.62	10.82
	编码	名　　称	单位	单价（元）	消　耗　量			
人工	000300080	混凝土综合工	工日	115.00	8.790	4.790	7.940	3.930
材料	800218040	砼 C30（塑、特、碎 5～31.5、坍 55～70）	m³	268.66	10.100	—	10.100	—
	840201140	商品砼	m³	266.99	—	10.150	—	10.150
	341100100	水	m³	4.42	6.830	2.830	6.950	2.950
	341100400	电	kW·h	0.70	19.890	19.890	15.300	15.300
	002000010	其他材料费	元	—	303.47	303.47	303.47	303.47
机械	990602020	双锥反转出料混凝土搅拌机 350L	台班	226.31	1.960		1.499	
	990803040	电动多级离心清水泵　出口直径150mm扬程180m以下	台班	263.60	1.110	1.110	0.850	0.850

A.4 现浇混凝土构筑物模板(编码:070302)

A.4.1 池模板(编码:070302001)

工作内容:1.模板及支架(撑)制作。
2.安装、拆除、整理堆放、场内外运输。
3.清理模板粘结物及模内杂物、刷隔离剂等。

计量单位:100m²

		定 额 编 号			FA0041	FA0042	FA0043	FA0044
		项 目 名 称			池底		池壁	
					平底	坡度	矩形	圆形
		综 合 单 价 (元)			**7011.64**	**7319.46**	**7379.04**	**9820.25**
费用	其中	人 工 费 (元)			2824.80	2967.60	3282.00	4102.80
		材 料 费 (元)			2415.93	2480.90	1912.35	3071.86
		施工机具使用费 (元)			0.72	7.23	79.01	46.23
		企 业 管 理 费 (元)			1106.47	1164.94	1316.17	1624.76
		利 润 (元)			618.51	651.19	735.73	908.22
		一 般 风 险 费 (元)			45.21	47.60	53.78	66.38
	编码	名 称	单位	单价(元)	消	耗	量	
人工	000300060	模板综合工	工日	120.00	23.540	24.730	27.350	34.190
材料	050303800	木材 锯材	m³	1547.01	0.797	0.839	0.466	1.048
	350100011	复合模板	m²	23.93	24.675	24.675	24.675	28.370
	032102830	支撑钢管及扣件	kg	3.68	—	—	28.110	—
	032134815	加工铁件	kg	4.06	—	—	6.713	—
	002000010	其他材料费	元	—	592.49	592.49	470.27	771.70
机械	990706010	木工圆锯机 直径500mm	台班	25.81	0.028	0.280	0.009	1.178
	990710010	木工单面压刨床 刨削宽度600mm	台班	31.84	—	—	—	0.497
	990401025	载重汽车 6t	台班	422.13	—	—	0.107	—
	990304001	汽车式起重机 5t	台班	473.39	—	—	0.071	—

工作内容:1.模板及支架(撑)制作。
2.安装、拆除、整理堆放、场内外运输。
3.清理模板粘结物及模内杂物、刷隔离剂等。

计量单位:100m²

		定 额 编 号			FA0045	FA0046	FA0047
		项 目 名 称			池顶板		池内柱
					无梁	有梁	
		综 合 单 价 (元)			**7086.90**	**8033.46**	**7855.60**
费用	其中	人 工 费 (元)			3106.80	3572.40	3415.20
		材 料 费 (元)			1788.05	1896.99	1965.16
		施工机具使用费 (元)			151.02	200.41	206.34
		企 业 管 理 费 (元)			1275.76	1477.43	1418.20
		利 润 (元)			713.14	825.87	792.76
		一 般 风 险 费 (元)			52.13	60.36	57.94
	编码	名 称	单位	单价(元)	消	耗	量
人工	000300060	模板综合工	工日	120.00	25.890	29.770	28.460
材料	050303800	木材 锯材	m³	1547.01	0.466	0.466	0.466
	350100011	复合模板	m²	23.93	24.675	27.143	25.910
	032102830	支撑钢管及扣件	kg	3.68	53.255	63.910	61.725
	002000010	其他材料费	元	—	280.69	291.36	397.08
机械	990706010	木工圆锯机 直径500mm	台班	25.81	0.055	0.819	1.049
	990401025	载重汽车 6t	台班	422.13	0.203	0.243	0.243
	990304001	汽车式起重机 5t	台班	473.39	0.135	0.162	0.162

A.4.2 贮仓模板(编码:070302002)

工作内容:1.模板及支架(撑)制作。
2.安装、拆除、整理堆放、场内外运输。
3.清理模板粘结物及模内杂物、刷隔离剂等。

计量单位:100m²

定 额 编 号					FA0048	FA0049	FA0050
项 目 名 称					矩形仓		
					底板	立壁	漏斗
综 合 单 价 (元)					**6520.93**	**8263.79**	**12059.75**
费用	其中	人 工 费 (元)			2966.40	4228.80	5539.20
		材 料 费 (元)			2415.93	2052.47	4120.64
		施工机具使用费 (元)			0.72	260.77	199.23
		企 业 管 理 费 (元)			720.71	1090.52	1393.86
		利 润 (元)			369.70	559.40	715.01
		一 般 风 险 费 (元)			47.47	71.83	91.81
	编码	名 称	单位	单价(元)	消 耗		量
人工	000300060	模板综合工	工日	120.00	24.720	35.240	46.160
材料	050303800	木材 锯材	m³	1547.01	0.797	0.466	1.667
	350100011	复合模板	m²	23.93	24.675	24.675	29.610
	032102830	支撑钢管及扣件	kg	3.68	—	38.176	—
	032134815	加工铁件	kg	4.06	—	32.241	28.620
	002000010	其他材料费	元	—	592.49	469.70	717.01
机械	990706010	木工圆锯机 直径500mm	台班	25.81	0.028	0.037	0.048
	990501020	电动卷扬机 单筒快速10kN	台班	178.37	—	0.856	1.110
	990401025	载重汽车 6t	台班	422.13	—	0.145	—
	990304001	汽车式起重机 5t	台班	473.39	—	0.097	—

工作内容:1.模板及支架(撑)制作。
2.安装、拆除、整理堆放、场内外运输。
3.清理模板粘结物及模内杂物、刷隔离剂等。

计量单位:100m²

定 额 编 号					FA0051	FA0052
项 目 名 称					矩形仓顶板	
					尢梁	有梁
综 合 单 价 (元)					**7515.16**	**8372.17**
费用	其中	人 工 费 (元)			3417.60	3930.00
		材 料 费 (元)			2180.63	2282.81
		施工机具使用费 (元)			438.22	471.42
		企 业 管 理 费 (元)			936.58	1069.10
		利 润 (元)			480.44	548.42
		一 般 风 险 费 (元)			61.69	70.42
	编码	名 称	单位	单价(元)	消 耗	量
人工	000300060	模板综合工	工日	120.00	28.480	32.750
材料	050303800	木材 锯材	m³	1547.01	0.513	0.513
	350100011	复合模板	m²	23.93	24.675	27.143
	032102830	支撑钢管及扣件	kg	3.68	58.580	70.300
	032134815	加工铁件	kg	4.06	0.476	0.476
	002000010	其他材料费	元	—	579.03	579.03
机械	990706010	木工圆锯机 直径500mm	台班	25.81	0.488	0.488
	990501020	电动卷扬机 单筒快速10kN	台班	178.37	1.463	1.463
	990401025	载重汽车 6t	台班	422.13	0.223	0.268
	990304001	汽车式起重机 5t	台班	473.39	0.149	0.179

工作内容:1.模板及支架(撑)制作。
　　　　　2.安装、拆除、整理堆放、场内外运输。
　　　　　3.清理模板粘结物及模内杂物、刷隔离剂等。

计量单位:100m²

定 额 编 号				FA0053	FA0054	FA0055
项 目 名 称				圆形仓		
				底板	立壁	漏斗
综 合 单 价 (元)				**6990.07**	**9591.46**	**13132.93**
费用其中	人 工 费 (元)			3262.80	4832.40	6330.00
	材 料 费 (元)			2474.99	2638.69	4028.09
	施工机具使用费 (元)			0.72	193.09	251.02
	企 业 管 理 费 (元)			792.71	1220.69	1598.53
	利 润 (元)			406.63	626.18	819.99
	一 般 风 险 费 (元)			52.22	80.41	105.30
	编码	名 称	单位	单价(元)	消 耗 量	
人工	000300060	模板综合工	工日	120.00	27.190	40.270	52.750
材料	050303800	木材 锯材	m³	1547.01	0.797	0.957	1.723
	350100011	复合模板	m²	23.93	27.143	28.376	32.633
	032134815	加工铁件	kg	4.06	—	41.727	52.240
	002000010	其他材料费	元	—	592.49	309.75	369.59
机械	990706010	木工圆锯机 直径500mm	台班	25.81	0.028	0.294	0.382
	990501020	电动卷扬机 单筒快速 10kN	台班	178.37	—	1.040	1.352

工作内容:1.模板及支架(撑)制作。
　　　　　2.安装、拆除、整理堆放、场内外运输。
　　　　　3.清理模板粘结物及模内杂物、刷隔离剂等。

计量单位:100m²

定 额 编 号				FA0056	FA0057	FA0058	FA0059
项 目 名 称				圆形仓顶板		仓内柱	仓内梁
				无梁	有梁		
综 合 单 价 (元)				**10392.88**	**11235.56**	**7912.28**	**9088.51**
费用其中	人 工 费 (元)			3775.20	4341.60	4098.00	5073.60
	材 料 费 (元)			4791.44	4850.50	1965.16	1797.82
	施工机具使用费 (元)			273.55	273.55	200.60	196.14
	企 业 管 理 费 (元)			983.44	1121.02	1044.13	1280.02
	利 润 (元)			504.47	575.05	535.61	656.61
	一 般 风 险 费 (元)			64.78	73.84	68.78	84.32
	编码	名 称	单位	单价(元)	消 耗 量			
人工	000300060	模板综合工	工日	120.00	31.460	36.180	34.150	42.280
材料	050303800	木材 锯材	m³	1547.01	2.340	2.340	0.466	0.476
	350100011	复合模板	m²	23.93	24.675	27.143	25.910	25.910
	032102830	支撑钢管及扣件	kg	3.68	—	—	61.725	69.480
	032134815	加工铁件	kg	4.06	0.476	0.476	—	—
	002000010	其他材料费	元	—	579.03	579.03	397.08	185.73
机械	990706010	木工圆锯机 直径500mm	台班	25.81	0.488	0.488	1.049	0.037
	990501020	电动卷扬机 单筒快速 10kN	台班	178.37	1.463	1.463	—	—
	990401025	载重汽车 6t	台班	422.13	—	—	0.235	0.265
	990304001	汽车式起重机 5t	台班	473.39	—	—	0.157	0.176

A.4.3 滑升模板(编码:070302014)

A.4.3.1 筒仓

工作内容:1.安装、拆除平台、模板、液压、供电、通信设备。
2.中间改模、激光对中、设置安全网。
3.滑模拆除后,清洗、刷油、堆放及材料场内外运输。

计量单位:10m³

定 额 编 号					FA0060	FA0061	FA0062	FA0063
项 目 名 称					筒仓液压滑升钢模			
					高度30m内			
					内径(m以内)			
					8	10	12	16
综 合 单 价 (元)					**13214.90**	**12208.63**	**11139.95**	**10635.86**
费 用	其 中	人 工 费 (元)			6596.40	6282.00	6032.40	5712.00
		材 料 费 (元)			2594.13	2312.03	1838.51	1931.99
		施工机具使用费 (元)			1080.34	871.31	690.72	579.20
		企 业 管 理 费 (元)			1864.68	1737.54	1633.05	1528.13
		利 润 (元)			956.52	891.30	837.70	783.88
		一 般 风 险 费 (元)			122.83	114.45	107.57	100.66
	编码	名 称	单位	单价(元)	消 耗 量			
人工	000300060	模板综合工	工日	120.00	54.970	52.350	50.270	47.600
材料	050303800	木材 锯材	m³	1547.01	0.150	0.140	0.120	0.144
	350100210	钢滑模	kg	4.53	230.000	210.000	160.000	180.000
	330103600	提升钢爬杆 φ25	t	3589.74	0.180	0.160	0.130	0.130
	351500020	液压台 YKT-36	台	7264.96	0.014	0.010	0.007	0.005
	351300110	千斤顶	台	263.25	0.700	0.600	0.500	0.490
	031350010	低碳钢焊条 综合	kg	4.19	2.000	1.700	1.500	1.500
	280300600	电线 6mm²	m	2.74	5.630	5.000	3.910	3.260
	281100150	电缆 6mm²	m	4.70	2.810	2.000	1.740	1.630
	281100170	电缆 12mm²	m	6.84	5.630	5.000	3.910	3.260
	002000010	其他材料费	元	—	312.52	274.77	227.00	216.66
机械	990401025	载重汽车 6t	台班	422.13	0.552	0.463	0.434	0.384
	990503030	电动卷扬机 单筒慢速 50kN	台班	192.37	4.232	3.376	2.521	2.052
	990706010	木工圆锯机 直径500mm	台班	25.81	0.350	0.248	0.202	0.092
	990710010	木工单面压刨床 刨削宽度600mm	台班	31.84	0.175	0.129	0.101	0.184
	990904040	直流弧焊机 32kV·A	台班	89.62	0.200	0.170	0.150	0.150
	990919010	电焊条烘干箱 450×350×450	台班	17.13	0.020	0.020	0.020	0.020
	002000040	其他机械费	元	—	0.34	0.34	0.34	0.34

A.4.3.2 烟囱(编码:070302014)

工作内容:1.安装、拆除平台、模板、液压、供电、通信设备。
2.中间改模、激光对中、设置安全网。
3.滑模拆除后,清洗、刷油、堆放及场内外运输。

计量单位:10m³

定 额 编 号					FA0064	FA0065	FA0066
项 目 名 称					烟囱液压滑升钢模		
					高度(m 以内)		
					80	100	120
综 合 单 价 (元)					**19419.46**	**16232.97**	**14573.63**
费用	其中	人 工 费 (元)			11342.40	9081.60	8257.20
		材 料 费 (元)			3407.70	3443.37	2953.41
		施 工 机 具 使 用 费 (元)			230.98	162.78	141.95
		企 业 管 理 费 (元)			2811.17	2245.46	2040.15
		利 润 (元)			1442.04	1151.85	1046.53
		一 般 风 险 费 (元)			185.17	147.91	134.39
	编码	名 称	单位	单价(元)	消 耗 量		
人工	000300060	模板综合工	工日	120.00	94.520	75.680	68.810
材料	050303800	木材 锯材	m³	1547.01	0.405	0.330	0.270
	010500020	钢丝绳	kg	5.60	9.325	8.070	6.310
	031350010	低碳钢焊条 综合	kg	4.19	6.000	6.000	6.000
	350100210	钢滑模	kg	4.53	189.500	160.000	145.000
	330103600	提升钢爬杆 φ25	t	3589.74	0.271	0.333	0.308
	002000260	平台及设备摊销费	元	—	775.05	856.90	637.74
	002000010	其他材料费	元	—	97.50	85.44	75.01
机械	990401025	载重汽车 6t	台班	422.13	0.325	0.246	0.197
	990706010	木工圆锯机 直径 500mm	台班	25.81	1.470	0.138	0.120
	990710010	木工单面压刨床 刨削宽度 600mm	台班	31.84	0.033	0.018	0.028
	990904040	直流弧焊机 32kV·A	台班	89.62	0.600	0.600	0.600
	990919010	电焊条烘干箱 450×350×450	台班	17.13	0.060	0.060	0.060

工作内容:1.安装拆除平台、模板、液压、供电、通信设备。
2.中间改模、激光对中、设置安全网。
3.滑模拆除后,清洗、刷油、堆放及场内外运输。

计量单位:10m³

定 额 编 号					FA0067	FA0068	FA0069
项 目 名 称					烟囱液压滑升钢模		
					高度(m 以内)		
					150	180	210
综 合 单 价 (元)					**12086.44**	**10759.93**	**8214.18**
费用	其中	人 工 费 (元)			6896.40	6162.00	4605.60
		材 料 费 (元)			2322.03	2052.29	1676.55
		施 工 机 具 使 用 费 (元)			161.36	131.93	119.82
		企 业 管 理 费 (元)			1714.33	1528.79	1147.81
		利 润 (元)			879.40	784.22	588.79
		一 般 风 险 费 (元)			112.92	100.70	75.61
	编码	名 称	单位	单价(元)	消 耗 量		
人工	000300060	模板综合工	工日	120.00	57.470	51.350	38.380
材料	050303800	木材 锯材	m³	1547.01	0.248	0.200	0.164
	010500020	钢丝绳	kg	5.60	5.400	3.020	3.580
	031350010	低碳钢焊条 综合	kg	4.19	6.100	6.100	7.500
	350100210	钢滑模	kg	4.53	124.000	118.000	97.000
	330103600	提升钢爬杆 φ25	t	3589.74	0.223	0.179	0.148
	002000260	平台及设备摊销费	元	—	453.64	463.83	349.54
	002000010	其他材料费	元	—	66.70	59.48	51.14
机械	990401025	载重汽车 6t	台班	422.13	0.197	0.177	0.177
	990706010	木工圆锯机 直径 500mm	台班	25.81	0.018	0.009	0.009
	990710010	木工单面压刨床 刨削宽度 600mm	台班	31.84	0.092	0.074	0.064
	990904040	直流弧焊机 32kV·A	台班	89.62	0.819	0.598	0.469
	990919010	电焊条烘干箱 450×350×450	台班	17.13	0.082	0.060	0.047

B 砌体构筑物工程
(0702)

说　　明

一、本定额中的砖按标准和常用规格编制,规格不同时材料允许换算。

二、砌筑砂浆的强度等级、砂浆品种,如设计与定额不同时,允许换算。

三、烟囱:

1.烟囱高度是指基础顶面至烟囱顶部圈梁顶面(不含三角帽部分)的高度。

2.烟囱基础、圈梁,烟道混凝土底板、顶板、隔热层按《重庆市房屋建筑与装饰工程计价定额》相应定额子目执行。

3.砖砌烟囱筒身原浆勾缝和烟囱帽抹灰已包括在项目内,不另计算。如设计规定需加浆勾缝时,按《重庆市房屋建筑与装饰工程计价定额》相应定额子目执行,砌筑子目内原浆勾缝的工料不扣除。

四、钢筋:

本章砌体内有钢筋加固者按《重庆市房屋建筑与装饰工程计价定额》砌筑工程章节的相应定额子目执行。

工程量计算规则

一、砌筑（体）：

标准砖砌体厚度，按下列规定计算：

设计厚度(mm)	60	100	120	180	200	240	370
计算厚度(mm)	53	95	115	180	200	240	365

二、砖烟囱：

1.砖砌圆形、方形烟囱均按图示筒壁平均中心线周长乘以厚度和高度的体积以"m³"计算，并扣除筒身上单个面积在 0.3m² 以上的孔洞、混凝土圈梁、过梁等所占的体积。其筒壁周长不同时，可按下式分段计算：

$$V = \sum H \times C \times \pi D$$

式中：V ——筒身体积；

H ——每段筒身垂直高度；

C ——每段筒壁厚度；

D ——每段筒壁中心线平均直径。

2.烟道、烟囱内衬分不同材料按设计图示体积以"m³"计算，并扣除单个面积在 0.3m² 以上孔洞所占的体积。

三、烟囱基础、圈梁，烟道混凝土底板、顶板、隔热层按《重庆市房屋建筑与装饰工程计价定额》相应定额子目计算规则计算。

四、钢筋：

本章砌体内有钢筋加固者按《重庆市房屋建筑与装饰工程计价定额》砌筑工程章节的相应定额子目执行。

B.1 烟囱(编码:070201)

B.1.1 烟囱筒壁(编码:070201002)

工作内容:调制砂浆、水平运输、砌砖、安放铁件、原浆勾缝、出檐、烟囱帽抹灰。 计量单位:10m³

定 额 编 号						FB0001	FB0002	FB0003
项 目 名 称						砖烟囱		
						水泥砂浆 M5		
						筒身高度		
						20m 以内	40m 以内	40m 以上
综 合 单 价 (元)						7336.13	6523.73	6906.28
费用	其中	人 工 费 (元)				2995.75	2477.10	2848.55
		材 料 费 (元)				3083.30	2983.26	2850.62
		施 工 机 具 使 用 费 (元)				78.21	81.96	82.90
		企 业 管 理 费 (元)				746.67	621.60	712.05
		利 润 (元)				383.02	318.86	365.26
		一 般 风 险 费 (元)				49.18	40.95	46.90
	编码	名 称	单位	单价(元)		消 耗 量		
人工	000300100	砌筑综合工	工日	115.00		26.050	21.540	24.770
材料	041300010	标准砖 240×115×53	千块	422.33		6.205	5.915	5.584
	810104010	M5.0 水泥砂浆(特 稠度70~90mm)	m³	182.83		2.501	2.624	2.665
	341100100	水	m³	4.42		1.241	1.230	1.150
机械	990610010	灰浆搅拌机 200L	台班	187.56		0.417	0.437	0.442

B.1.2 烟囱内衬(编码:070106004)

工作内容:调制砂浆、水平运输、砌砖、内部灰缝刮平等。 计量单位:10m³

定 额 编 号						FB0004	FB0005	FB0006
项 目 名 称						砖烟囱内衬		
						普通砖	耐火砖	耐酸砖
综 合 单 价 (元)						6158.56	9855.04	22009.60
费用	其中	人 工 费 (元)				2578.30	2681.80	2700.20
		材 料 费 (元)				2591.48	6144.77	18273.88
		施 工 机 具 使 用 费 (元)				—	—	—
		企 业 管 理 费 (元)				626.27	651.41	655.88
		利 润 (元)				321.26	334.15	336.44
		一 般 风 险 费 (元)				41.25	42.91	43.20
	编码	名 称	单位	单价(元)		消 耗 量		
人工	000300100	砌筑综合工	工日	115.00		22.420	23.320	23.480
材料	041300010	标准砖 240×115×53	千块	422.33		6.020	—	—
	153100020	耐火砖	千块	679.63		—	5.750	—
	132102900	耐酸砖 230×113×65	千块	2564.10		—	—	5.990
	040900900	粘土	m³	17.48		2.250	—	—
	155100020	耐火泥	kg	1.46		—	1530.000	—
	850401090	耐酸砂浆	m³	1435.92		—	—	2.030
	341100100	水	m³	4.42		2.200	0.700	—

B.2 砖烟道(编码:070202)

B.2.1 砖烟(风)道(编码:070202001)

工作内容:调制砂浆、水平运输、砌砖、内部灰缝刮平。

计量单位:10m³

	定 额 编 号				FB0007	FB0008	FB0009
	项 目 名 称				砖烟(风)道		
					240 砖	200 砖	耐火砖
					水泥砂浆 M5		
费用	综 合 单 价 (元)				**5453.69**	**5561.19**	**8738.62**
	其中	人 工 费 (元)			1630.70	1992.95	1902.10
		材 料 费 (元)			3078.77	2697.55	6107.07
		施工机具使用费 (元)			85.90	76.90	—
		企 业 管 理 费 (元)			416.96	502.77	462.02
		利 润 (元)			213.89	257.90	237.00
		一 般 风 险 费 (元)			27.47	33.12	30.43
	编码	名 称	单位	单价(元)	消	耗	量
人工	000300100	砌筑综合工	工日	115.00	14.180	17.330	16.540
材料	041300010	标准砖 240×115×53	千块	422.33	6.090	—	—
	041300030	标准砖 200×95×53	千块	291.26	—	7.710	—
	153100020	耐火砖	千块	679.63	—	—	5.910
	810104010	M5.0 水泥砂浆(特 稠度 70~90mm)	m³	182.83	2.710	2.410	—
	155100020	耐火泥	kg	1.46	—	—	1430.000
	341100100	水	m³	4.42	2.560	2.560	0.600
机械	990610010	灰浆搅拌机 200L	台班	187.56	0.458	0.410	

B.2.2 砖加工(编码:070202B001)

工作内容:选砖、画线、砍砖磨平、分类堆放。

计量单位:100块

	定 额 编 号				FB0010	FB0011
	项 目 名 称				砖加工	
					耐火砖	耐酸砖
费用	综 合 单 价 (元)				**171.60**	**189.43**
	其中	人 工 费 (元)			123.05	127.65
		材 料 费 (元)			1.36	12.82
		施工机具使用费 (元)			—	—
		企 业 管 理 费 (元)			29.89	31.01
		利 润 (元)			15.33	15.91
		一 般 风 险 费 (元)			1.97	2.04
	编码	名 称	单位	单价(元)	消 耗	量
人工	000300100	砌筑综合工	工日	115.00	1.070	1.110
材料	153100020	耐火砖	千块	679.63	0.002	—
	132102900	耐酸砖 230×113×65	千块	2564.10	—	0.005

C 构筑物措施项目
(0703)

说　明

一、脚手架：

本定额中钢筋混凝土筒仓、烟囱按滑升模板编制，定额子目按无井架施工考虑，已综合了操作平台，不再单独计算脚手架及井架费用，如遇抹灰等装饰需搭设脚手架时，按《重庆市房屋建筑与装饰工程计价定额》脚手架章节相应定额子目执行。

1.本定额中仅编制烟囱脚手架子目，高度超过 1.2m 的室内外混凝土池类、贮仓类（滑模施工的除外）的脚手架按《重庆市房屋建筑与装饰工程计价定额》脚手架章节相应定额子目执行。

2.烟囱脚手架是按钢管式脚手架编制的，施工中实际采用竹、木和其他脚手架时，不允许调整。

3.烟囱脚手架已综合了垂直运输架、斜道、上料平台、拉缆风绳、挖埋地锚等，但不包括垂直封闭，实际发生时另行计算。

4.混凝土构筑物基础或底板需搭设脚手架时按《重庆市房屋建筑与装饰工程计价定额》脚手架章节满堂脚手架定额子目执行。

二、垂直运输：

1.垂直运输机械费中构筑物的高度，以设计室外地坪至构筑物的顶面高度计算。

2.筒仓垂直运输机械台班及超过高度机械台班增加是按筒仓（4 个以下）编制的，超过 4 个每增加 1 个，增加垂直运输机械台班及超过高度机械台班 20％。

3.大型机械设备进出场及安拆、施工排水、降水按《重庆市房屋建筑与装饰工程计价定额》建筑分册相应定额子目执行。

工程量计算规则

一、脚手架：

1.烟囱脚手架按不同直径、高度以"座"计算。

2.高度超过 1.2m 的室内外混凝土池类、贮仓类(滑模施工的除外)的脚手架按《重庆市房屋建筑与装饰工程计价定额》脚手架章节的单项脚手架计算规则计算。

3.现浇池类、贮仓类顶板高度超过 3.6m 时,按《重庆市房屋建筑与装饰工程计价定额》脚手架章节满堂钢管支撑架定额子目乘以系数 0.8 执行。

4.砌筑、抹灰等装饰脚手架以构筑物的长度乘以高度的面积以"m²"计算。

5.混凝土构筑物基础或底板需搭设脚手架时以基础或底板的水平投影面积以"m²"计算。

二、垂直运输：

1.烟囱、筒仓垂直运输机械台班及超过高度机械台班增加按"座"计算。

2.超过规定高度时,再按每增加 1m 子目计算,其增加高度不足 1m 时,按 1m 计算。

C.1 脚手架(编码:070301)

C.1.1 烟囱脚手架(编码:070301001)

工作内容:1.平土。
   2.材料场内外运输。
   3.搭拆脚手架、斜道、挡脚板,上下翻板子,打缆风桩,拉缆风绳、安全网。
   4.拆除后的材料堆放等。

计量单位:座

定 额 编 号					FC0001	FC0002	FC0003	FC0004
项 目 名 称					烟囱直径5m以内			
					高度(m以内)			
					20	25	35	45
综 合 单 价 (元)					8208.98	10866.68	18761.07	28090.41
费用	其中	人 工 费 （元）			4401.60	6004.80	11007.60	16948.80
		材 料 费 （元）			1914.95	2331.28	3234.20	4338.06
		施 工 机 具 使 用 费 （元）			147.75	164.63	215.29	219.51
		企 业 管 理 费 （元）			1105.04	1498.55	2726.04	4170.18
		利 润 （元）			566.85	768.71	1398.37	2139.17
		一 般 风 险 费 （元）			72.79	98.71	179.57	274.69
	编码	名 称	单位	单价(元)	消	耗		量
人工	000300090	架子综合工	工日	120.00	36.680	50.040	91.730	141.240
材料	350300100	脚手架钢管	kg	3.09	177.720	228.760	303.380	402.470
	050303800	木材 锯材	m³	1547.01	0.584	0.662	0.963	1.291
	350301110	扣件	套	5.00	34.960	46.170	60.300	81.630
	130500700	防锈漆	kg	12.82	13.410	17.260	22.890	30.360
	002000010	其他材料费	元	—	115.63	148.17	212.04	299.87
机械	990401025	载重汽车 6t	台班	422.13	0.350	0.390	0.510	0.520

工作内容:1.平土。
   2.材料场内外运输。
   3.搭拆脚手架、斜道、挡脚板,上下翻板子,打缆风桩,拉缆风绳、安全网。
   4.拆除后的材料堆放等。

计量单位:座

定 额 编 号					FC0005	FC0006	FC0007
项 目 名 称					烟囱直径8m以内		
					高度(m以内)		
					30	40	50
综 合 单 价 (元)					18125.64	27493.95	37257.45
费用	其中	人 工 费 （元）			10101.60	16107.60	21457.20
		材 料 费 （元）			3793.82	4800.27	7045.80
		施 工 机 具 使 用 费 （元）			257.50	295.49	379.92
		企 业 管 理 费 （元）			2516.23	3984.31	5304.24
		利 润 （元）			1290.74	2043.83	2720.90
		一 般 风 险 费 （元）			165.75	262.45	349.39
	编码	名 称	单位	单价(元)	消	耗	量
人工	000300090	架子综合工	工日	120.00	84.180	134.230	178.810
材料	350300100	脚手架钢管	kg	3.09	361.020	485.630	728.240
	050303800	木材 锯材	m³	1547.01	1.157	1.351	2.072
	350301110	扣件	套	5.00	69.890	92.620	139.490
	130500700	防锈漆	kg	12.82	27.240	36.640	38.630
	002000010	其他材料费	元	—	189.71	276.84	397.45
机械	990401025	载重汽车 6t	台班	422.13	0.610	0.700	0.900

工作内容:1.平土。
          2.材料场内外运输。
          3.搭拆脚手架、斜道、挡脚板,上下翻板子,打缆风桩,拉缆风绳、安全网。
          4.拆除后的材料堆放等。

计量单位:座

定 额 编 号					FC0008	FC0009
项 目 名 称					烟囱直径8m以内	
					高度(m以内)	
					60	80
综 合 单 价 (元)					**48814.77**	**84322.50**
费用	其中	人 工 费 (元)			28378.80	49532.40
		材 料 费 (元)			8886.92	15070.25
		施 工 机 具 使 用 费 (元)			481.23	523.44
		企 业 管 理 费 (元)			7010.10	12158.56
		利 润 (元)			3595.96	6236.96
		一 般 风 险 费 (元)			461.76	800.89
	编码	名 称	单位	单价(元)	消 耗 量	
人工	000300090	架子综合工	工日	120.00	236.490	412.770
材料	350300100	脚手架钢管	kg	3.09	909.680	1569.150
	050303800	木材 锯材	m³	1547.01	2.567	4.085
	350301110	扣件	套	5.00	176.590	323.940
	130500700	防锈漆	kg	12.82	54.940	118.390
	002000010	其他材料费	元	—	517.55	764.58
机械	990401025	载重汽车 6t	台班	422.13	1.140	1.240

C.2 垂直运输(编码:070303)

C.2.1 筒仓(编码:070303001)

工作内容:包括单位工程在合理工期内完成全部工程项目所需用的塔吊。

计量单位:座

定 额 编 号					FC0010	FC0011
项 目 名 称					筒仓	
					筒仓(4个以下)	
					20m 以内	每增加 1m
综 合 单 价 (元)					**23908.51**	**1191.82**
费用	其中	人 工 费 (元)			—	—
		材 料 费 (元)			—	—
		施 工 机 具 使 用 费 (元)			17281.18	861.45
		企 业 管 理 费 (元)			4197.60	209.25
		利 润 (元)			2153.23	107.34
		一 般 风 险 费 (元)			276.50	13.78
	编码	名 称	单位	单价(元)	消 耗 量	
机械	990306005	自升式塔式起重机 400kN•m	台班	522.09	33.100	1.650

C.2.2　烟囱(编码:070303001)

工作内容:包括单位工程在合理工期内完成全部工程项目所需用的塔吊。　　　　　　　　　　　计量单位:座

定　额　编　号					FC0012	FC0013	FC0014	FC0015
项　目　名　称					烟囱			
					砖		钢筋砼	
					30m 以内	每增加 1m	30m 以内	每增加 1m
综　合　单　价　(元)					**14063.40**	**469.50**	**22052.17**	**729.53**
费用	其中	人　工　费　(元)			—	—	—	—
		材　料　费　(元)			—	—	—	—
		施工机具使用费　(元)			10165.09	339.36	15939.41	527.31
		企 业 管 理 费　(元)			2469.10	82.43	3871.68	128.08
		利　　润　(元)			1266.57	42.28	1986.05	65.70
		一 般 风 险 费　(元)			162.64	5.43	255.03	8.44
	编码	名　　称	单位	单价(元)	消　　耗　　量			
机械	990306005	自升式塔式起重机 400kN•m	台班	522.09	19.470	0.650	30.530	1.010